Table 2

$\dfrac{T}{K}$	$\dfrac{P_{sat}}{MPa}$	c_{Pf},	c_{Pg}	v_f,	v_g	h_f,	h_{fg},	h_g	s_f,	s_{fg},	s_g	$\dfrac{\sigma}{mN/m}$	$\dfrac{\theta}{K}$
		kJ/(kg·K)		m³/Mg		kJ/kg			kJ/(kg·K)				
273.15	0.0006107	4.223	1.864	1.000	206300	−0.04	2501	2501	−0.000	9.157	9.157	75.60	0
273.16	0.0006112	4.223	1.864	1.000	206200	0.00	2501	2501	0	9.156	9.156	75.60	0.01
275.15	0.0007054	4.217	1.864	1.000	179900	8.40	2496	2505	0.031	9.073	9.104	75.34	2
277.15	0.0008129	4.210	1.865	1.000	157300	16.83	2492	2508	0.061	8.990	9.051	75.07	4
279.15	0.0009346	4.204	1.866	1.000	137800	25.24	2487	2512	0.091	8.909	9.000	74.80	6
281.15	0.0010721	4.198	1.867	1.000	121000	33.64	2482	2516	0.121	8.829	8.950	74.52	8
283.15	0.001227	4.193	1.868	1.000	106400	42.03	2477	2519	0.151	8.750	8.901	74.24	10
285.15	0.001402	4.190	1.869	1.001	93830	50.42	2473	2523	0.181	8.672	8.851	73.95	12
287.15	0.001597	4.187	1.870	1.001	82890	58.79	2468	2527	0.210	8.595	8.805	73.66	14
289.15	0.001817	4.185	1.872	1.001	73380	67.16	2463	2530	0.239	8.519	8.758	73.37	16
291.15	0.002063	4.183	1.873	1.001	65080	75.53	2459	2534	0.268	8.445	8.713	73.08	18
293.15	0.002337	4.182	1.874	1.002	57830	83.90	2454	2538	0.296	8.371	8.667	72.78	20
295.15	0.002642	4.181	1.876	1.002	51490	92.26	2449	2541	0.325	8.298	8.623	72.47	22
297.15	0.002982	4.180	1.878	1.003	45920	100.6	2444	2545	0.353	8.227	8.580	72.17	24
299.15	0.003360	4.180	1.879	1.003	41030	109.0	2440	2549	0.381	8.156	8.537	71.86	26
301.15	0.003779	4.179	1.881	1.004	36730	117.3	2435	2552	0.409	8.086	8.495	71.55	28
303.15	0.004242	4.179	1.883	1.004	32930	125.7	2430	2556	0.437	8.017	8.454	71.23	30
305.15	0.004754	4.179	1.885	1.005	29570	134.1	2425	2560	0.464	7.949	8.413	70.91	32
307.15	0.005318	4.179	1.887	1.006	26600	142.4	2421	2563	0.491	7.882	8.373	70.59	34
309.15	0.005940	4.179	1.889	1.006	23970	150.8	2416	2567	0.519	7.816	8.335	70.27	36
311.15	0.006624	4.179	1.891	1.007	21630	159.1	2411	2570	0.545	7.750	8.295	69.94	38
313.15	0.007375	4.179	1.894	1.008	19550	167.5	2406	2574	0.572	7.684	8.258	69.61	40
315.15	0.008198	4.179	1.896	1.009	17690	175.9	2402	2578	0.599	7.621	8.220	69.28	42
317.15	0.009100	4.179	1.899	1.010	16040	184.2	2397	2581	0.625	7.558	8.183	68.94	44
319.15	0.010085	4.180	1.901	1.010	14560	192.6	2392	2585	0.652	7.496	8.148	68.61	46
321.15	0.011161	4.180	1.904	1.011	13240	200.9	2387	2588	0.678	7.434	8.112	68.27	48
323.15	0.01234	4.181	1.907	1.012	12050	209.3	2383	2592	0.704	7.373	8.077	67.93	50
328.15	0.01574	4.182	1.915	1.015	9581	230.2	2370	2601	0.768	7.224	7.992	67.06	55
333.15	0.01992	4.185	1.924	1.017	7681	251.1	2358	2609	0.831	7.079	7.910	66.19	60
338.15	0.02501	4.187	1.934	1.020	6204	272.1	2346	2618	0.893	6.939	7.832	65.30	65
343.15	0.03116	4.191	1.944	1.023	5048	293.0	2334	2627	0.955	6.802	7.757	64.40	70
348.15	0.03855	4.194	1.956	1.026	4136	314.0	2321	2635	1.016	6.668	7.684	63.49	75
353.15	0.04736	4.198	1.969	1.029	3410	335.0	2309	2644	1.075	6.538	7.613	62.57	80
358.15	0.05780	4.203	1.983	1.033	2830	356.0	2296	2652	1.134	6.411	7.545	61.63	85
363.15	0.07011	4.207	1.999	1.036	2362	377.0	2283	2660	1.193	6.288	7.481	60.69	90
368.15	0.08453	4.212	2.016	1.040	1983	398.1	2270	2668	1.250	6.167	7.417	59.74	95
373.15	0.1013	4.218	2.034	1.044	1673.9	419.2	2257	2676	1.307	6.049	7.356	58.78	100
383.15	0.1433	4.230	2.075	1.052	1210.6	461.4	2230	2692	1.419	5.821	7.240	56.83	110
393.15	0.1985	4.244	2.124	1.060	892.0	503.8	2203	2707	1.528	5.603	7.131	54.85	120
403.15	0.2701	4.262	2.180	1.070	668.5	546.4	2174	2721	1.635	5.393	7.028	52.83	130
413.15	0.3614	4.282	2.245	1.080	508.8	589.2	2145	2734	1.739	5.191	6.930	50.79	140
423.15	0.4760	4.306	2.320	1.091	392.6	632.2	2114	2746	1.842	4.996	6.838	48.70	150
433.15	0.6180	4.334	2.406	1.102	306.8	675.5	2082	2758	1.943	4.807	6.750	46.59	160
443.15	0.7920	4.366	2.504	1.114	242.6	719.1	2049	2768	2.042	4.624	6.666	44.44	170
453.15	1.0027	4.403	2.615	1.127	193.8	763.0	2014	2777	2.139	4.445	6.584	42.26	180
463.15	1.2552	4.446	2.741	1.142	156.3	807.4	1978	2785	2.235	4.270	6.505	40.05	190
473.15	1.555	4.494	2.883	1.157	127.1	852.2	1939	2791	2.330	4.099	6.429	37.81	200
483.15	1.908	4.550	3.043	1.173	104.2	897.6	1899	2796	2.424	3.931	6.355	35.53	210
493.15	2.320	4.613	3.223	1.190	86.01	943.5	1856	2800	2.517	3.764	6.281	33.23	220
503.15	2.798	4.685	3.426	1.209	71.43	990.1	1812	2802	2.610	3.601	6.209	30.90	230
513.15	3.348	4.769	3.656	1.229	59.64	1037.0	1764	2801	2.702	3.438	6.140	28.56	240
523.15	3.978	4.866	3.918	1.251	50.02	1086	1714	2800	2.793	3.276	6.069	26.19	250
533.15	4.694	4.985	4.220	1.275	42.12	1135	1660	2795	2.885	3.114	5.999	23.82	260
543.15	5.505	5.133	4.574	1.302	35.57	1185	1603	2788	2.976	2.952	5.928	21.44	270
553.15	6.419	5.306	4.995	1.332	30.11	1237	1542	2779	3.068	2.788	5.856	19.07	280
563.15	7.445	5.521	5.508	1.365	25.51	1290	1475	2765	3.162	2.619	5.781	16.71	290
573.15	8.592	5.793	6.146	1.404	21.62	1346	1403	2749	3.256	2.448	5.704	14.39	300
583.15	9.870	6.142	6.967	1.448	18.30	1403	1324	2727	3.353	2.270	5.623	12.11	310
593.15	11.29	6.603	8.060	1.499	15.44	1464	1236	2700	3.452	2.084	5.536	9.89	320
603.15	12.86	7.240	9.585	1.562	12.96	1528	1137	2665	3.555	1.886	5.441	7.75	330
613.15	14.61	8.223	11.86	1.639	10.78	1597	1026	2623	3.664	1.673	5.337	5.71	340
623.15	16.54	10.06	15.80	1.741	8.838	1673	894	2567	3.782	1.435	5.217	3.79	350
633.15	18.67	14.98	27.71	1.893	6.967	1763	723	2486	3.919	1.142	5.061	2.03	360
643.15	21.05	55.23	130.1	2.232	4.917	1897	432	2329	4.121	0.672	4.793	0.47	370
647.29	22.12	∞	∞	3.155	3.155	2095	0	2095	4.424	0	4.424	0	374.14

1 MPa = 10⁶ N/m² = 10 bar

3

Table 3

P / MPa	T_{sat}, K	θ_{sat}	v_f,	v_g m³/Mg	e_f,	e_g kJ/kg	h_f,	h_{fg},	h_g kJ/kg	s_f,	s_{fg},	s_g kJ/(kg·K)
0.0006112	273.16	0.01	1.000	206200	0	2375	0.00	2501	2501	0	9.156	9.156
0.0010	280.1	7.0	1.000	129200	29.37	2385	29.37	2484	2514	0.106	8.869	8.975
0.0015	286.2	13.0	1.001	87980	54.75	2393	54.75	2470	2525	0.196	8.632	8.828
0.0020	290.7	17.5	1.001	67010	73.48	2399	73.49	2460	2533	0.261	8.463	8.724
0.0025	294.2	21.1	1.002	54260	88.47	2404	88.47	2451	2540	0.312	8.331	8.643
0.0030	297.2	24.1	1.003	45670	101.0	2408	101.0	2444	2545	0.354	8.224	8 578
0.0035	299.8	26.7	1.003	39480	111.9	2412	111.9	2438	2550	0.391	8.131	8.522
0.0040	302.1	29.0	1.004	34800	121.4	2415	121.4	2433	2554	0.423	8.052	8.475
0.0045	304.2	31.0	1.005	31140	130.0	2418	130.0	2428	2558	0.451	7.982	8.433
0.0050	306.0	32.9	1.005	28200	137.8	2420	137.8	2423	2561	0.476	7.919	8.395
0.006	309.3	36.2	1.007	23740	151.5	2425	151.5	2416	2567	0.521	7.810	8.331
0.007	312.2	39.0	1.008	20530	163.4	2428	163.4	2409	2572	0.559	7.717	8.276
0.008	314.7	41.5	1.009	18110	173.9	2432	173.9	2403	2577	0.593	7.636	8.229
0.009	316.9	43.8	1.009	16210	183.3	2435	183.3	2397	2581	0.623	7.565	8.188
0.010	319.0	45.8	1.010	14680	191.9	2438	191.9	2393	2584	0.649	7.502	8.151
0.011	320.9	47.7	1.011	13420	199.7	2440	199.7	2388	2588	0.674	7.443	8.117
0.012	322.6	49.4	1.012	12360	207.0	2442	207.0	2384	2591	0.696	7.390	8.086
0.013	324.2	51.1	1.013	11470	213.7	2445	213.7	2380	2594	0.717	7.341	8.058
0.014	325.7	52.6	1.013	10700	220.0	2447	220.1	2376	2596	0.737	7.296	8.033
0.015	327.1	54.0	1.014	10020	226.0	2449	226.0	2373	2599	0.755	7.254	8.009
0.016	328.5	55.3	1.015	9435	231.6	2450	231.6	2370	2601	0.772	7.215	7.987
0.018	331.0	57.8	1.016	8447	242.0	2454	242.0	2364	2606	0.804	7.142	7.946
0.020	333.2	60.1	1.017	7651	251.5	2457	251.5	2358	2610	0.832	7.077	7.909
0.022	335.3	62.2	1.018	6997	260.2	2459	260.2	2353	2613	0.858	7.018	7.876
0.024	337.2	64.1	1.019	6448	268.2	2462	268.2	2348	2617	0.882	6.964	7.846
0.025	338.1	65.0	1.020	6206	272.0	2463	272.0	2346	2618	0.893	6.939	7.832
0.030	342.3	69.1	1.022	5231	289.3	2468	289.3	2336	2625	0.944	6.825	7.769
0.035	345.9	72.7	1.025	4527	304.3	2473	304.4	2327	2631	0.988	6.729	7.717
0.040	349.0	75.9	1.026	3995	317.7	2477	317.7	2319	2637	1.026	6.645	7.671
0.045	351.9	78.7	1.028	3578	329.6	2481	329.7	2312	2642	1.060	6.571	7.631
0.050	354.5	81.3	1.030	3241	340.6	2484	340.6	2305	2646	1.091	6.504	7.595
0.055	356.9	83.7	1.032	2965	350.6	2487	350.7	2299	2650	1.120	6.443	7.563
0.060	359.1	86.0	1.033	2733	359.9	2490	360.0	2294	2654	1.146	6.388	7.532
0.065	361.2	88.0	1.035	2536	368.6	2492	368.7	2288	2657	1.170	6.336	7.506
0.070	363.1	90.0	1.036	2366	376.8	2495	376.8	2283	2660	1.192	6.289	7.481
0.075	364.9	91.8	1.037	2218	384.4	2497	384.5	2279	2663	1.213	6.245	7.458
0.080	366.7	93.5	1.039	2088	391.7	2499	391.8	2274	2666	1.233	6.203	7.436
0.085	368.3	95.2	1.040	1973	398.6	2501	398.7	2270	2669	1.252	6.164	7.416
0.090	369.9	96.7	1.041	1870	405.2	2503	405.3	2266	2671	1.270	6.126	7.396
0.095	371.4	98.2	1.042	1778	411.5	2505	411.6	2262	2673	1.287	6.091	7.378
0.10	372.8	99.6	1.043	1695	417.5	2506	417.6	2258	2676	1.303	6.058	7.361
0.11	375.5	102.3	1.045	1550	428.8	2509	428.9	2251	2680	1.333	5.996	7.329
0.12	378.0	104.8	1.047	1429	439.3	2512	439.5	2244	2684	1.361	5.939	7.300
0.13	380.3	107.1	1.049	1326	449.2	2515	449.3	2238	2687	1.387	5.886	7.273
0.14	382.5	109.3	1.051	1237	458.4	2518	458.5	2232	2691	1.411	5.837	7.248
0.15	384.5	111.4	1.053	1160	467.1	2520	467.2	2227	2694	1.434	5.791	7.225
0.16	386.5	113.3	1.054	1092	475.3	2522	475.5	2221	2697	1.455	5.748	7.203
0.17	388.3	115.2	1.056	1031	483.2	2524	483.3	2216	2700	1.476	5.707	7.183
0.18	390.1	116.9	1.058	978	490.6	2526	490 8	2211	2702	1.495	5.669	7.164
0.19	391.8	118.6	1.059	929	497.8	2528	498 0	2207	2705	1.513	5 633	7.146
0.20	393.4	120.2	1.061	885.9	504.6	2530	504.8	2202	2707	1.530	5.598	7.128
0.22	396.4	123.3	1.063	810.3	517.5	2533	517.7	2194	2711	1.563	5.534	7.097
0.24	399.2	126.1	1.066	746.9	529.5	2536	529.8	2186	2715	1.593	5.475	7.068
0.26	401.9	128.7	1.069	692.9	540.7	2539	541.0	2178	2719	1.621	5.420	7.041
0.28	404.4	131.2	1.071	646.4	551.3	2541	551.6	2171	2722	1.647	5.369	7.016
0.30	406.7	133.5	1.073	605.9	561.2	2544	561.5	2164	2725	1.672	5.321	6.993
0.32	408.9	135.8	1.076	570.3	570.7	2546	571.0	2157	2728	1.695	5.276	6.971
0.34	411.0	137.9	1.078	538.7	579.6	2548	580.0	2151	2731	1.717	5.234	6.951
0.36	413.0	139.9	1.080	510.6	588.2	2550	588.6	2145	2734	1.738	5.194	6.932
0.38	414.9	141.8	1.082	485.3	596.4	2552	596.9	2139	2736	1.758	5.156	6.914
0.40	416.8	143.6	1.084	462.4	604.3	2554	604.8	2134	2739	1.777	5.120	6.897
0.42	418.5	145.4	1.086	441.7	611.9	2555	612 3	2128	2741	1.795	5.085	6.880
0.44	420.2	147.1	1.087	422.8	619.2	2557	619.7	2123	2743	1.812	5.053	6.865
0.46	421.9	148.7	1.089	405.4	626.2	2558	626.7	2118	2745	1.829	5.021	6.850
0.48	423.5	150.3	1.091	389.5	633.0	2560	633.6	2113	2747	1.845	4.990	6.835

θ is the Celsius temperature

4

Table 3
concluded

P	T_{sat},	θ_{sat}	v_f,	v_g	e_f,	e_g	h_f,	h_{fg},	h_g	s_f,	s_{fg},	s_g
MPa		K		m³/Mg		kJ/kg		kJ/kg			kJ/(kg·K)	
0.5	425.0	151.8	1.093	374.8	639.6	2561	640.2	2108	2748	1.861	4.961	6.822
0.6	432.0	158.8	1.101	315.6	669.8	2567	670.4	2086	2756	1.931	4.829	6.760
0.7	438.1	165.0	1.108	272.7	696.3	2572	697.0	2066	2763	1.992	4.715	6.707
0.8	443.6	170.4	1.115	240.3	720.0	2576	720.9	2047	2768	2.046	4.617	6.662
0.9	448.5	175.4	1.121	214.8	741.6	2580	742.6	2030	2773	2.094	4.527	6.621
1.0	453.0	179.9	1.127	194.3	761.4	2583	762.5	2014	2777	2.138	4.447	6.585
1.1	457.2	184.1	1.133	177.4	779.8	2585	781.0	1999	2780	2.178	4.373	6.551
1.2	461.1	188.0	1.139	163.2	796.9	2588	798.3	1985	2783	2.216	4.305	6.521
1.3	464.8	191.6	1.144	151.1	813.1	2590	814.5	1972	2786	2.251	4.242	6.493
1.4	468.2	195.0	1.149	140.7	828.3	2591	829.9	1958	2788	2.283	4.183	6.466
1.5	471.4	198.3	1.154	131.6	842.8	2593	844.5	1946	2790	2.314	4.128	6.442
1.6	474.5	201.4	1.159	123.7	856.5	2594	858.4	1934	2792	2.343	4.076	6.419
1.7	477.5	204.3	1.163	116.6	869.7	2596	871.6	1922	2794	2.371	4.026	6.397
1.8	480.3	207.1	1.168	110.3	882.3	2597	884.4	1911	2795	2.397	3.979	6.376
2.0	485.5	212.4	1.177	99.52	906.0	2598	908.4	1889	2797	2.446	3.891	6.337
2.2	490.4	217.2	1.185	90.64	928.1	2600	930.7	1868	2799	2.492	3.810	6.302
2.4	494.9	221.8	1.193	83.19	948.9	2601	951.7	1849	2800	2.534	3.735	6.269
2.6	499.2	226.0	1.201	76.84	968.4	2601	971.5	1830	2801	2.573	3.666	6.239
2.8	503.2	230.0	1.209	71.38	986.9	2602	990.3	1811	2802	2.610	3.600	6.210
3.0	507.0	233.8	1.216	66.61	1004.5	2602	1008.2	1794	2802	2.645	3.538	6.183
3.2	510.6	237.4	1.224	62.43	1021	2602	1025	1777	2802	2.678	3.480	6.158
3.4	514.0	240.9	1.231	58.71	1037	2602	1042	1760	2802	2.710	3.424	6.134
3.6	517.3	244.2	1.238	55.40	1053	2602	1057	1744	2801	2.740	3.371	6.111
3.8	520.5	247.3	1.245	52.42	1068	2601	1073	1728	2801	2.769	3.320	6.089
4.0	523.5	250.3	1.252	49.73	1082	2600	1087	1712	2799	2.796	3.271	6.067
4.2	526.4	253.2	1.259	47.29	1096	2600	1101	1697	2798	2.823	3.224	6.047
4.4	529.2	256.0	1.266	45.06	1110	2599	1115	1682	2797	2.848	3.178	6.026
4.6	531.9	258.8	1.272	43.02	1123	2598	1129	1667	2796	2.873	3.134	6.007
4.8	534.5	261.4	1.279	41.14	1136	2597	1142	1653	2795	2.897	3.092	5.989
5.0	537.1	263.9	1.286	39.41	1148	2596	1154	1639	2793	2.920	3.051	5.971
5.5	543.1	269.9	1.302	35.61	1178	2593	1185	1604	2789	2.976	2.953	5.929
6.0	548.7	275.6	1.318	32.42	1206	2589	1214	1570	2784	3.027	2.861	5.888
6.5	554.0	280.8	1.335	29.69	1233	2585	1241	1536	2777	3.076	2.773	5.849
7.0	559.0	285.8	1.351	27.35	1258	2580	1268	1504	2772	3.122	2.690	5.812
7.5	563.7	290.5	1.367	25.30	1283	2575	1293	1472	2765	3.166	2.611	5.777
8.0	568.1	295.0	1.384	23.49	1306	2570	1318	1440	2758	3.208	2.535	5.743
8.5	572.4	299.2	1.400	21.89	1329	2564	1341	1409	2750	3.249	2.461	5.710
9.0	576.5	303.3	1.417	20.46	1352	2558	1364	1377	2741	3.288	2.389	5.677
9.5	580.4	307.2	1.435	19.17	1373	2551	1387	1346	2733	3.326	2.320	5.646
10.0	584.1	311.0	1.452	18.00	1394	2544	1409	1315	2724	3.362	2.252	5.614
10.5	587.7	314.6	1.470	16.94	1415	2537	1431	1285	2716	3.398	2.186	5.584
11.0	591.2	318.0	1.489	15.97	1435	2530	1452	1254	2706	3.432	2.121	5.553
11.5	594.5	321.4	1.507	15.07	1455	2522	1473	1223	2696	3.466	2.057	5.523
12.0	597.8	324.6	1.527	14.25	1475	2514	1493	1192	2685	3.499	1.994	5.493
12.5	600.9	327.8	1.547	13.48	1494	2505	1513	1160	2673	3.532	1.931	5.463
13.0	604.0	330.8	1.567	12.77	1513	2496	1533	1129	2662	3.564	1.869	5.433
13.5	606.9	333.8	1.589	12.11	1532	2487	1553	1097	2650	3.596	1.808	5.404
14.0	609.8	336.6	1.611	11.49	1550	2477	1573	1065	2638	3.627	1.747	5.374
14.5	612.6	339.4	1.634	10.91	1569	2467	1593	1033	2626	3.658	1.686	5.344
15.0	615.3	342.1	1.658	10.36	1587	2457	1612	1000	2612	3.688	1.625	5.313
15.5	617.9	344.8	1.683	9.837	1606	2446	1632	966.1	2598	3.719	1.563	5.282
16.0	620.5	347.3	1.710	9.343	1624	2434	1652	931.8	2584	3.749	1.502	5.251
16.5	623.0	349.8	1.738	8.872	1643	2422	1672	896.6	2568	3.780	1.439	5.219
17.0	625.4	352.3	1.769	8.418	1662	2409	1692	860.2	2552	3.811	1.375	5.186
17.5	627.8	354.6	1.802	7.978	1681	2395	1712	822.2	2535	3.842	1.310	5.152
18.0	630.1	357.0	1.838	7.545	1700	2380	1733	782.1	2516	3.874	1.241	5.115
18.5	632.4	359.2	1.878	7.116	1721	2362	1755	738.9	2494	3.907	1.168	5.075
19.0	634.6	361.4	1.923	6.688	1742	2342	1778	691.4	2470	3.942	1.089	5.031
19.5	636.8	363.6	1.975	6.261	1764	2319	1802	638.7	2441	3.979	1.003	4.982
20.0	638.9	365.7	2.038	5.837	1788	2293	1829	580.8	2409	4.018	0.909	4.927
20.5	640.9	367.8	2.116	5.412	1815	2264	1858	516.4	2375	4.063	0.805	4.868
21.0	642.9	369.8	2.219	4.967	1846	2230	1893	441.4	2334	4.114	0.686	4.800
21.5	644.9	371.8	2.367	4.460	1884	2185	1935	345.6	2281	4.179	0.536	4.715
22.1	647.3	374.1	3.155	3.155	2026	2026	2095	0	2095	4.424	0	4.424

1 MPa = 10⁶ N/m² = 10 bar

Table 4

θ_{sat} / K	P / MPa	Subcritical temperatures											
		0 °C, $\theta=0$ K, $T=273.15$ K				50 °C, $\theta=50$ K, $T=323.15$ K				100 °C, $\theta=100$ K, $T=373.15$ K			
		v (m³/Mg)	e (kJ/kg)	h (kJ/kg)	s (kJ/(kg·K))	v (m³/Mg)	e (kJ/kg)	h (kJ/kg)	s (kJ/(kg·K))	v (m³/Mg)	e (kJ/kg)	h (kJ/kg)	s (kJ/(kg·K))
7.0	0.001	1.000	-0.04	-0.04	-0.000	149100	2445	2594	9.243	172200	2516	2688	9.513
17.5	0.002	1.000	-0.04	-0.04	-0.000	74530	2445	2594	8.922	86080	2516	2688	9.193
29.0	0.004	1.000	-0.04	-0.04	-0.000	37240	2445	2594	8.601	43030	2516	2688	8.873
36.2	0.006	1.000	-0.04	-0.04	-0.000	24810	2444	2593	8.413	28680	2516	2688	8.685
41.5	0.008	1.000	-0.04	-0.03	-0.000	18600	2444	2593	8.279	21500	2516	2688	8.552
45.8	0.01	1.000	-0.04	-0.03	-0.000	14870	2444	2592	8.175	17200	2515	2687	8.448
60.1	0.02	1.000	-0.04	-0.02	-0.000	1.012	209.3	209.3	0.704	8586	2514	2686	8.126
75.9	0.04	1.000	-0.04	-0.00	-0.000	1.012	209.3	209.3	0.704	4280	2513	2684	7.801
86.0	0.06	1.000	-0.04	0.02	-0.000	1.012	209.3	209.3	0.704	2845	2511	2681	7.609
93.5	0.08	1.000	-0.04	0.04	-0.000	1.012	209.3	209.4	0.704	2127	2509	2679	7.471
99.6	0.10	1.000	-0.04	0.06	-0.000	1.012	209.3	209.4	0.704	1696	2507	2676	7.363
111.4	0.15	1.000	-0.04	0.11	-0.000	1.012	209.3	209.4	0.704	1.044	419.0	419.2	1.307
120.2	0.20	1.000	-0.04	0.16	-0.000	1.012	209.3	209.5	0.704	1.043	419.0	419.2	1.307
133.5	0.30	1.000	-0.04	0.26	-0.000	1.012	209.3	209.5	0.704	1.043	419.0	419.3	1.307
143.6	0.40	1.000	-0.04	0.36	-0.000	1.012	209.2	209.6	0.703	1.043	419.0	419.4	1.307
151.8	0.5	1.0000	-0.04	0.46	-0.000	1.012	209.2	209.7	0.703	1.043	418.9	419.5	1.307
158.8	0.6	0.9999	-0.04	0.56	-0.000	1.012	209.2	209.8	0.703	1.043	418.9	419.5	1.307
165.0	0.7	0.9998	-0.04	0.66	-0.000	1.012	209.2	209.9	0.703	1.043	418.9	419.6	1.307
170.4	0.8	0.9998	-0.03	0.77	-0.000	1.012	209.2	210.0	0.703	1.043	418.8	419.7	1.307
175.4	0.9	0.9997	-0.03	0.87	-0.000	1.012	209.1	210.1	0.703	1.043	418.8	419.8	1.307
179.9	1.0	0.9997	-0.03	0.97	-0.000	1.012	209.1	210.1	0.703	1.043	418.8	419.8	1.306
198.3	1.5	0.9994	-0.03	1.47	-0.000	1.012	209.1	210.6	0.703	1.043	418.6	420.2	1.306
212.4	2.0	0.9992	-0.02	1.98	-0.000	1.011	209.0	211.0	0.703	1.043	418.5	420.6	1.306
233.8	3.0	0.9987	-0.01	2.98	-0.000	1.011	208.8	211.9	0.702	1.042	418.2	421.3	1.305
250.3	4.0	0.9982	-0.00	3.99	-0.000	1.010	208.7	212.7	0.702	1.042	417.9	422.1	1.304
263.9	5	0.9977	0.01	5.00	0.000	1.010	208.5	213.6	0.701	1.041	417.6	422.8	1.303
275.6	6	0.9972	0.02	6.00	0.000	1.010	208.4	214.4	0.701	1.041	417.4	423.6	1.303
285.8	7	0.9967	0.03	7.00	0.000	1.009	208.2	215.3	0.700	1.040	417.1	424.3	1.302
295.0	8	0.9962	0.04	8.01	0.000	1.009	208.1	216.2	0.700	1.040	416.8	425.1	1.301
303.3	9	0.9957	0.05	9.01	0.000	1.008	208.0	217.0	0.699	1.039	416.5	425.9	1.300
311.0	10	0.9952	0.05	10.01	0.000	1.008	207.8	217.9	0.699	1.039	416.2	426.6	1.300
318.0	11	0.9948	0.06	11.01	0.000	1.007	207.7	218.7	0.699	1.038	415.9	427.4	1.299
324.6	12	0.9943	0.07	12.00	0.000	1.007	207.5	219.6	0.698	1.038	415.7	428.1	1.298
330.8	13	0.9938	0.08	13.00	0.000	1.006	207.4	220.5	0.698	1.037	415.4	428.9	1.297
336.6	14	0.9933	0.09	13.99	0.000	1.006	207.2	221.3	0.697	1.037	415.1	429.6	1.296
342.1	15	0.9928	0.10	14.99	0.000	1.006	207.1	222.2	0.697	1.036	414.8	430.4	1.296
347.3	16	0.9923	0.10	15.98	0.000	1.005	206.9	223.0	0.696	1.036	414.6	431.1	1.295
352.3	17	0.9918	0.11	16.97	0.000	1.005	206.8	223.9	0.696	1.035	414.3	431.9	1.294
357.0	18	0.9914	0.12	17.96	0.000	1.004	206.7	224.7	0.695	1.035	414.0	432.6	1.293
361.4	19	0.9909	0.12	18.95	0.000	1.004	206.5	225.6	0.695	1.034	413.8	433.4	1.293
365.7	20	0.9904	0.13	19.94	0.000	1.003	206.4	226.5	0.694	1.034	413.5	434.2	1.292
373.7	22	0.9894	0.14	21.91	0.000	1.003	206.1	228.2	0.693	1.033	413.0	435.7	1.290
	24	0.9885	0.15	23.87	0.000	1.002	205.8	229.9	0.693	1.032	412.4	437.2	1.289
	26	0.9876	0.16	25.83	-0.000	1.001	205.6	231.6	0.692	1.031	411.9	438.7	1.288
	28	0.9866	0.17	27.79	-0.000	1.000	205.3	233.3	0.691	1.030	411.4	440.2	1.286
°C (sat)	30	0.9857	0.17	29.74	-0.000	0.9993	205.0	235.0	0.690	1.029	410.9	441.7	1.285
	35	0.9834	0.18	34.59	-0.000	0.9972	204.3	239.2	0.688	1.027	409.6	445.5	1.281
	40	0.9811	0.17	39.42	-0.001	0.9952	203.7	243.5	0.685	1.024	408.4	449.3	1.277
	45	0.9789	0.16	44.21	-0.001	0.9933	203.0	247.7	0.683	1.022	407.1	453.1	1.274
	50	0.9767	0.13	48.97	-0.002	0.9913	202.4	252.0	0.681	1.020	405.9	456.9	1.270
	55	0.9745	0.10	53.70	-0.002	0.9894	201.8	256.2	0.678	1.018	404.8	460.8	1.267
	60	0.9724	0.05	58.40	-0.003	0.9875	201.1	260.4	0.676	1.016	403.6	464.6	1.264
	65	0.9703	-0.00	63.07	-0.003	0.9857	200.5	264.6	0.674	1.014	402.5	468.4	1.260
	70	0.9682	-0.07	67.71	-0.004	0.9838	199.9	268.8	0.672	1.012	401.4	472.2	1.257
	75	0.9662	-0.14	72.33	-0.005	0.9820	199.3	273.0	0.669	1.010	400.3	476.0	1.254
	80	0.9643	-0.22	76.92	-0.006	0.9802	198.7	277.2	0.667	1.008	399.2	479.8	1.250
	85	0.9623	-0.31	81.49	-0.007	0.9785	198.2	281.3	0.665	1.006	398.2	483.7	1.247
	90	0.9604	-0.40	86.03	-0.008	0.9767	197.6	285.5	0.663	1.004	397.1	487.5	1.244
	95	0.9585	-0.51	90.55	-0.009	0.9750	197.0	289.7	0.661	1.002	396.1	491.3	1.241
	100	0.9567	-0.62	95.05	-0.010	0.9733	196.5	293.8	0.658	1.000	395.1	495.1	1.238

$P_{sat}=0.000\,610\,7$ MPa	$P_{sat}=0.012\,335$ MPa	$P_{sat}=0.101\,325$ MPa

θ is the Celsius temperature

Table 4
continued

Subcritical temperatures													
150 °C, $\theta=150$ K, $T=423.15$ K				200 °C, $\theta=200$ K, $T=473.15$ K				250 °C, $\theta=250$ K, $T=523.15$ K				$\dfrac{P}{\text{MPa}}$	$\dfrac{\theta_{sat}}{\text{K}}$
$\dfrac{v}{\text{m}^3/\text{Mg}}$	$\dfrac{e}{\text{kJ/kg}}$	$\dfrac{h}{\text{kJ/kg}}$	$\dfrac{s}{\text{kJ/(kg·K)}}$	$\dfrac{v}{\text{m}^3/\text{Mg}}$	$\dfrac{e}{\text{kJ/kg}}$	$\dfrac{h}{\text{kJ/kg}}$	$\dfrac{s}{\text{kJ/(kg·K)}}$	$\dfrac{v}{\text{m}^3/\text{Mg}}$	$\dfrac{e}{\text{kJ/kg}}$	$\dfrac{h}{\text{kJ/kg}}$	$\dfrac{s}{\text{kJ/(kg·K)}}$		
195300	2588	2783	9.752	218400	2661	2880	9.967	241400	2736	2977	10.164	0.001	7.0
97630	2588	2783	9.432	109200	2661	2880	9.647	120700	2736	2977	9.844	0.002	17.5
48810	2588	2783	9.112	54580	2661	2880	9.327	60350	2736	2977	9.524	0.004	29.0
32530	2588	2783	8.925	36380	2661	2879	9.140	40230	2736	2977	9.337	0.006	36.2
24400	2588	2783	8.792	27280	2661	2879	9.007	30170	2736	2977	9.204	0.008	41.5
19510	2588	2783	8.689	21830	2661	2879	8.904	24140	2736	2977	9.101	0.01	45.8
9748	2587	2782	8.367	10910	2661	2879	8.583	12060	2736	2977	8.780	0.02	60.1
4866	2586	2781	8.045	5448	2660	2878	8.262	6028	2735	2976	8.459	0.04	75.9
3239	2585	2779	7.855	3628	2659	2877	8.074	4016	2735	2975	8.271	0.06	86.0
2425	2584	2778	7.720	2718	2659	2876	7.939	3010	2734	2975	8.138	0.08	93.5
1937	2583	2776	7.614	2172	2658	2875	7.835	2406	2734	2974	8.034	0.10	99.6
1286	2580	2773	7.420	1444	2656	2873	7.644	1601	2732	2973	7.844	0.15	111.4
959.8	2577	2769	7.281	1080	2654	2870	7.507	1199	2731	2971	7.709	0.20	120.2
634.0	2571	2761	7.079	716.4	2651	2866	7.312	796.4	2729	2968	7.517	0.30	133.5
470.9	2565	2753	6.931	534.3	2647	2861	7.172	595.2	2726	2964	7.380	0.40	143.6
1.091	631.7	632.2	1.842	425.0	2643	2855	7.060	474.4	2724	2961	7.272	0.5	151.8
1.091	631.6	632.3	1.842	352.1	2639	2850	6.967	393.9	2721	2957	7.182	0.6	158.8
1.090	631.6	632.3	1.842	299.9	2635	2845	6.887	336.3	2718	2954	7.106	0.7	165.0
1.090	631.5	632.4	1.841	260.8	2631	2839	6.816	293.2	2716	2950	7.039	0.8	170.4
1.090	631.5	632.5	1.841	230.4	2626	2833	6.753	259.6	2713	2946	6.980	0.9	175.4
1.090	631.4	632.5	1.841	205.9	2622	2828	6.694	232.7	2710	2943	6.926	1.0	179.9
1.090	631.2	632.8	1.841	132.4	2597	2795	6.452	152.0	2695	2923	6.710	1.5	198.3
1.090	631.0	633.1	1.840	1.156	850.1	852.4	2.330	111.5	2680	2903	6.546	2.0	212.4
1.089	630.5	633.8	1.839	1.155	849.3	852.8	2.328	70.58	2643	2855	6.287	3.0	233.8
1.088	630.0	634.4	1.838	1.154	848.6	853.2	2.327	1.251	1081	1086	2.793	4.0	250.3
1.088	629.6	635.0	1.837	1.153	847.9	853.6	2.325	1.249	1079	1086	2.791	5	263.9
1.087	629.1	635.6	1.836	1.152	847.1	854.0	2.323	1.248	1078	1086	2.788	6	275.6
1.086	628.6	636.2	1.835	1.151	846.4	854.5	2.322	1.246	1077	1086	2.786	7	285.8
1.086	628.2	636.9	1.834	1.150	845.7	854.9	2.320	1.244	1076	1086	2.784	8	295.0
1.085	627.7	637.5	1.832	1.149	845.0	855.3	2.319	1.242	1074	1086	2.781	9	303.3
1.084	627.3	638.1	1.831	1.148	844.3	855.8	2.317	1.241	1073	1086	2.779	10	311.0
1.084	626.8	638.8	1.830	1.147	843.6	856.2	2.316	1.239	1072	1086	2.777	11	318.0
1.083	626.4	639.4	1.829	1.146	842.9	856.6	2.314	1.237	1071	1086	2.774	12	324.6
1.082	625.9	640.0	1.828	1.145	842.2	857.1	2.313	1.236	1070	1086	2.772	13	330.8
1.082	625.5	640.6	1.827	1.144	841.5	857.5	2.311	1.234	1069	1086	2.770	14	336.6
1.081	625.1	641.3	1.826	1.143	840.8	858.0	2.310	1.233	1068	1086	2.768	15	342.1
1.080	624.6	641.9	1.825	1.143	840.1	858.4	2.308	1.231	1066	1086	2.766	16	347.3
1.080	624.2	642.6	1.824	1.142	839.5	858.9	2.307	1.229	1065	1086	2.764	17	352.3
1.079	623.8	643.2	1.823	1.141	838.8	859.3	2.305	1.228	1064	1086	2.761	18	357.0
1.079	623.3	643.8	1.822	1.140	838.1	859.8	2.304	1.226	1063	1086	2.759	19	361.4
1.078	622.9	644.5	1.821	1.139	837.5	860.2	2.303	1.225	1062	1087	2.757	20	365.7
1.077	622.1	645.7	1.819	1.137	836.2	861.2	2.300	1.222	1060	1087	2.753	22	373.7
1.075	621.2	647.0	1.817	1.135	834.9	862.1	2.297	1.219	1058	1087	2.749	24	
1.074	620.4	648.3	1.815	1.134	833.6	863.1	2.294	1.216	1056	1088	2.745	26	
1.073	619.6	649.6	1.813	1.132	832.3	864.0	2.291	1.214	1054	1088	2.741	28	
1.072	618.7	650.9	1.811	1.130	831.1	865.0	2.289	1.211	1052	1088	2.737	30	°C (sat)
1.069	616.7	654.2	1.806	1.126	828.1	867.5	2.282	1.204	1047	1089	2.728	35	
1.066	614.8	657.4	1.801	1.122	825.1	870.0	2.275	1.198	1043	1091	2.719	40	
1.063	612.9	660.7	1.796	1.118	822.3	872.6	2.269	1.192	1038	1092	2.710	45	
1.061	611.0	664.0	1.791	1.115	819.5	875.2	2.263	1.187	1034	1094	2.701	50	
1.058	609.2	667.4	1.787	1.111	816.8	877.9	2.257	1.181	1030	1095	2.693	55	
1.055	607.4	670.7	1.782	1.107	814.1	880.6	2.251	1.176	1026	1097	2.685	60	
1.053	605.6	674.1	1.778	1.104	811.6	883.3	2.245	1.171	1023	1099	2.677	65	
1.050	603.9	677.5	1.773	1.101	809.1	886.1	2.239	1.166	1019	1101	2.670	70	
1.048	602.3	680.8	1.769	1.097	806.6	888.9	2.233	1.161	1015	1103	2.662	75	
1.045	600.6	684.3	1.764	1.094	804.2	891.8	2.228	1.157	1012	1105	2.655	80	
1.043	599.0	687.7	1.760	1.091	801.9	894.7	2.222	1.152	1009	1107	2.648	85	
1.041	597.4	691.1	1.756	1.088	799.6	897.6	2.217	1.148	1005	1109	2.641	90	
1.038	595.9	694.5	1.752	1.085	797.4	900.5	2.212	1.144	1002	1111	2.635	95	
1.036	594.4	698.0	1.748	1.082	795.3	903.5	2.207	1.140	999	1113	2.628	100	
$P_{sat}=0.475\,97$ MPa				$P_{sat}=1.555\,1$ MPa				$P_{sat}=3.977\,6$ MPa					

1 MPa = 10^6 N/m² = 10 bar

Table 4
continued

		Subcritical temperatures								Supercritical temperatures			
		300 °C, $\theta=300$ K, $T=573.15$ K				350 °C, $\theta=350$ K, $T=623.15$ K				375 °C, $\theta=375$ K, $T=648.15$ K			
$\dfrac{\theta_{sat}}{K}$	$\dfrac{P}{MPa}$	$\dfrac{v}{m^3/Mg}$	$\dfrac{e}{kJ/kg}$	$\dfrac{h}{kJ/kg}$	$\dfrac{s}{kJ/(kg\cdot K)}$	$\dfrac{v}{m^3/Mg}$	$\dfrac{e}{kJ/kg}$	$\dfrac{h}{kJ/kg}$	$\dfrac{s}{kJ/(kg\cdot K)}$	$\dfrac{v}{m^3/Mg}$	$\dfrac{e}{kJ/kg}$	$\dfrac{h}{kJ/kg}$	$\dfrac{s}{kJ/(kg\cdot K)}$
7.0	0.001	264500	2812	3077	10.345	287600	2890	3177	10.513	299100	2929	3228	10.593
17.5	0.002	132300	2812	3077	10.025	143800	2890	3177	10.193	149600	2929	3228	10.273
29.0	0.004	66120	2812	3076	9.705	71890	2890	3177	9.873	74780	2929	3228	9.953
36.2	0.006	44080	2812	3076	9.518	47930	2890	3177	9.686	49850	2929	3228	9.766
41.5	0.008	33060	2812	3076	9.385	35940	2890	3177	9.553	37390	2929	3228	9.633
45.8	0.01	26450	2812	3076	9.282	28750	2890	3177	9.450	29910	2929	3228	9.530
60.1	0.02	13220	2812	3076	8.961	14370	2889	3177	9.130	14950	2929	3228	9.210
75.9	0.04	6607	2811	3076	8.641	7185	2889	3176	8.810	7474	2929	3227	8.890
86.0	0.06	4402	2811	3075	8.453	4788	2889	3176	8.622	4981	2928	3227	8.702
93.5	0.08	3300	2811	3075	8.320	3590	2889	3176	8.489	3735	2928	3227	8.569
99.6	0.10	2639	2810	3074	8.216	2871	2888	3175	8.385	2987	2928	3226	8.466
111.4	0.15	1757	2809	3073	8.027	1912	2888	3174	8.197	1990	2927	3226	8.278
120.2	0.20	1316	2808	3072	7.893	1433	2887	3173	8.063	1491	2927	3225	8.144
133.5	0.30	875	2807	3069	7.703	954	2885	3171	7.874	993	2925	3223	7.955
143.6	0.40	655	2805	3067	7.567	714	2884	3170	7.739	743	2924	3221	7.820
151.8	0.5	522.6	2803	3064	7.461	570.1	2883	3168	7.634	593.7	2923	3220	7.715
158.8	0.6	434.4	2801	3062	7.373	474.2	2881	3166	7.547	494.0	2921	3218	7.629
165.0	0.7	371.4	2799	3059	7.299	405.8	2880	3164	7.474	422.8	2920	3216	7.556
170.4	0.8	324.1	2797	3057	7.234	354.4	2878	3162	7.410	369.3	2919	3214	7.493
175.4	0.9	287.4	2795	3054	7.176	314.4	2877	3160	7.353	327.8	2918	3213	7.436
179.9	1.0	258.0	2793	3051	7.124	282.5	2875	3158	7.302	294.6	2916	3211	7.386
198.3	1.5	169.7	2783	3038	6.919	186.6	2868	3148	7.103	194.8	2910	3202	7.188
212.4	2.0	125.5	2773	3024	6.768	138.6	2860	3137	6.957	144.9	2903	3193	7.045
233.8	3.0	81.16	2751	2994	6.541	90.53	2844	3116	6.744	94.98	2889	3174	6.836
250.3	4.0	58.85	2726	2961	6.363	66.44	2827	3093	6.584	69.97	2875	3155	6.681
263.9	5	45.32	2699	2925	6.210	51.94	2809	3069	6.451	54.93	2860	3134	6.554
275.6	6	36.16	2668	2885	6.069	42.23	2791	3044	6.336	44.87	2844	3113	6.445
285.8	7	29.46	2633	2839	5.932	35.24	2770	3017	6.231	37.66	2827	3091	6.347
295.0	8	24.25	2591	2785	5.792	29.95	2749	2988	6.132	32.22	2810	3068	6.257
303.3	9	1.402	1332	1345	3.254	25.80	2725	2957	6.038	27.97	2792	3043	6.173
311.0	10	1.397	1330	1344	3.250	22.42	2700	2924	5.946	24.54	2772	3017	6.093
318.0	11	1.393	1327	1343	3.245	19.61	2672	2888	5.855	21.70	2751	2990	6.015
324.6	12	1.389	1325	1342	3.241	17.21	2642	2848	5.761	19.31	2729	2961	5.939
330.8	13	1.385	1323	1341	3.237	15.11	2608	2804	5.664	17.26	2706	2930	5.863
336.6	14	1.381	1320	1340	3.233	13.23	2568	2753	5.560	15.48	2680	2897	5.786
342.1	15	1.378	1318	1339	3.229	11.49	2521	2694	5.445	13.89	2652	2861	5.708
347.3	16	1.374	1316	1338	3.225	9.791	2462	2619	5.308	12.47	2622	2822	5.627
352.3	17	1.370	1314	1337	3.221	1.728	1640	1669	3.774	11.18	2588	2778	5.543
357.0	18	1.367	1312	1336	3.217	1.703	1630	1661	3.759	9.972	2550	2730	5.451
361.4	19	1.364	1310	1336	3.213	1.683	1622	1654	3.745	8.825	2506	2674	5.351
365.7	20	1.360	1308	1335	3.210	1.666	1615	1649	3.733	7.695	2453	2607	5.234
373.7	22	1.354	1304	1333	3.203	1.636	1603	1639	3.712	4.951	2255	2364	4.840
——	24	1.348	1300	1332	3.196	1.611	1592	1630	3.693	2.057	1826	1875	4.078
	26	1.342	1296	1331	3.189	1.590	1582	1623	3.677	1.921	1786	1836	4.010
	28	1.337	1293	1330	3.183	1.571	1573	1617	3.662	1.845	1760	1812	3.968
°C (sat)	30	1.331	1289	1329	3.177	1.554	1565	1611	3.648	1.791	1741	1795	3.936
	35	1.319	1281	1327	3.162	1.519	1547	1600	3.617	1.702	1706	1766	3.878
	40	1.308	1274	1326	3.148	1.489	1532	1591	3.591	1.643	1681	1746	3.835
	45	1.297	1267	1325	3.135	1.465	1518	1584	3.568	1.598	1660	1732	3.800
	50	1.287	1260	1324	3.122	1.443	1506	1578	3.547	1.561	1642	1720	3.770
	55	1.278	1254	1324	3.110	1.424	1495	1573	3.527	1.531	1627	1711	3.744
	60	1.269	1248	1324	3.099	1.407	1485	1569	3.509	1.505	1613	1703	3.720
	65	1.261	1242	1324	3.088	1.392	1475	1566	3.493	1.482	1601	1697	3.699
	70	1.254	1236	1324	3.078	1.378	1467	1563	3.477	1.462	1589	1692	3.679
	75	1.246	1231	1325	3.068	1.365	1459	1561	3.463	1.444	1579	1687	3.661
	80	1.239	1226	1325	3.058	1.353	1451	1559	3.449	1.427	1569	1683	3.644
	85	1.232	1221	1326	3.049	1.341	1444	1558	3.436	1.412	1560	1680	3.628
	90	1.226	1217	1327	3.039	1.331	1437	1556	3.423	1.398	1552	1677	3.613
	95	1.220	1212	1328	3.031	1.321	1430	1556	3.411	1.385	1543	1675	3.599
	100	1.214	1208	1329	3.022	1.311	1424	1555	3.400	1.373	1536	1673	3.585

$P_{sat}=8.5917$ MPa	$P_{sat}=16.537$ MPa	θ is the Celsius temperature

Table 4
continued

						Supercritical temperatures							
400 °C,	θ = 400 K,	T = 673.15 K		425 °C,	θ = 425 K,	T = 698.15 K		450 °C,	θ = 450 K,	T = 723.15 K		$\dfrac{P}{\text{MPa}}$	$\dfrac{\theta_{sat}}{\text{K}}$
$\dfrac{v}{\text{m}^3/\text{Mg}}$	$\dfrac{e}{\text{kJ/kg}}$	$\dfrac{h}{\text{kJ/kg}}$	$\dfrac{s}{\text{kJ/(kg·K)}}$	$\dfrac{v}{\text{m}^3/\text{Mg}}$	$\dfrac{e}{\text{kJ/kg}}$	$\dfrac{h}{\text{kJ/kg}}$	$\dfrac{s}{\text{kJ/(kg·K)}}$	$\dfrac{v}{\text{m}^3/\text{Mg}}$	$\dfrac{e}{\text{kJ/kg}}$	$\dfrac{h}{\text{kJ/kg}}$	$\dfrac{s}{\text{kJ/(kg·K)}}$		
310700	2969	3279	10.671	322200	3009	3331	10.746	333700	3050	3383	10.820	0.001	7.0
155300	2969	3279	10.351	161100	3009	3331	10.426	166900	3050	3383	10.500	0.002	17.5
77660	2969	3279	10.031	80550	3009	3331	10.107	83430	3050	3383	10.180	0.004	29.0
51770	2969	3279	9.844	53700	3009	3331	9.919	55620	3050	3383	9.993	0.006	36.2
38830	2969	3279	9.711	40270	3009	3331	9.787	41710	3050	3383	9.860	0.008	41.5
31060	2969	3279	9.608	32220	3009	3331	9.684	33370	3050	3383	9.757	0.01	45.8
15530	2969	3279	9.288	16110	3009	3331	9.364	16680	3049	3383	9.437	0.02	60.1
7763	2968	3279	8.968	8051	3009	3331	9.043	8340	3049	3383	9.117	0.04	75.9
5174	2968	3279	8.780	5366	3008	3330	8.856	5559	3049	3383	8.929	0.06	86.0
3879	2968	3278	8.647	4024	3008	3330	8.723	4168	3049	3382	8.796	0.08	93.5
3103	2968	3278	8.544	3218	3008	3330	8.620	3334	3049	3382	8.693	0.10	99.6
2067	2967	3277	8.356	2144	3008	3329	8.432	2222	3048	3382	8.505	0.15	111.4
1549	2967	3276	8.222	1607	3007	3328	8.298	1665	3048	3381	8.372	0.20	120.2
1031	2965	3275	8.034	1070	3006	3327	8.110	1109	3047	3380	8.184	0.30	133.5
773	2964	3273	7.899	802	3005	3326	7.975	831	3046	3378	8.050	0.40	143.6
617.2	2963	3272	7.794	640.7	3004	3324	7.871	664.1	3045	3377	7.945	0.5	151.8
513.7	2962	3270	7.709	533.3	3003	3323	7.785	552.9	3044	3376	7.860	0.6	158.8
439.7	2961	3269	7.636	456.6	3002	3322	7.713	473.4	3043	3375	7.787	0.7	165.0
384.2	2960	3267	7.572	399.1	3001	3320	7.650	413.8	3042	3373	7.724	0.8	170.4
341.1	2959	3266	7.516	354.3	3000	3319	7.594	367.5	3041	3372	7.669	0.9	175.4
306.6	2957	3264	7.466	318.5	2999	3317	7.544	330.4	3040	3371	7.619	1.0	179.9
203.0	2952	3256	7.270	211.1	2994	3310	7.349	219.1	3036	3364	7.425	1.5	198.3
151.2	2946	3248	7.129	157.4	2988	3303	7.208	163.5	3031	3358	7.286	2.0	212.4
99.33	2934	3232	6.923	103.6	2977	3288	7.006	107.8	3021	3344	7.085	3.0	233.8
73.39	2921	3215	6.771	76.72	2966	3273	6.857	79.99	3011	3331	6.938	4.0	250.3
57.80	2908	3197	6.649	60.57	2955	3257	6.737	63.27	3000	3317	6.820	5	263.9
47.38	2894	3179	6.544	49.79	2943	3241	6.635	52.12	2990	3303	6.721	6	275.6
39.92	2880	3160	6.451	42.07	2930	3225	6.546	44.14	2979	3288	6.635	7	285.8
34.31	2866	3140	6.367	36.27	2918	3208	6.466	38.15	2968	3273	6.558	8	295.0
29.93	2850	3120	6.289	31.75	2905	3191	6.392	33.48	2957	3258	6.487	9	303.3
26.41	2834	3098	6.216	28.12	2891	3173	6.324	29.74	2945	3242	6.422	10	311.0
23.51	2818	3076	6.146	25.15	2877	3154	6.259	26.67	2933	3226	6.361	11	318.0
21.08	2800	3053	6.079	22.66	2863	3135	6.198	24.11	2920	3210	6.303	12	324.6
19.01	2782	3029	6.013	20.54	2848	3115	6.138	21.94	2908	3193	6.248	13	330.8
17.22	2763	3004	5.949	18.72	2832	3095	6.081	20 07	2895	3176	6.195	14	336.6
15.66	2743	2978	5.885	17.13	2816	3073	6.025	18.45	2881	3158	6.144	15	342.1
14.27	2721	2950	5.821	15.74	2800	3051	5.970	17 02	2868	3140	6.095	16	347.3
13.03	2699	2920	5.757	14.49	2782	3029	5.916	15.76	2853	3121	6.046	17	352.3
11.91	2675	2889	5.693	13.38	2764	3005	5.862	14.63	2839	3102	5.999	18	357.0
10.89	2649	2856	5.626	12.38	2745	2981	5.809	13.62	2824	3083	5.952	19	361.4
9.952	2621	2820	5.558	11.47	2726	2955	5.755	12.71	2808	3062	5.906	20	365.7
8.262	2558	2740	5.411	9.869	2683	2900	5.646	11.11	2776	3020	5.815	22	373.7
6.738	2480	2642	5.244	8.500	2636	2841	5.534	9.766	2741	2975	5.724	24	
5.287	2377	2515	5.037	7.306	2584	2774	5.416	8.613	2704	2928	5.633	26	
3.857	2231	2339	4.763	6.246	2525	2700	5.290	7.611	2664	2877	5.540	28	
2.806	2075	2159	4.485	5.296	2457	2616	5.154	6.731	2621	2823	5.446	30	°C
2.107	1920	1994	4.222	3.438	2258	2378	4.783	4.954	2500	2674	5.199	35	(sat)
1.911	1859	1936	4.121	2.539	2102	2204	4.512	3.696	2368	2516	4.951	40	
1.804	1821	1902	4.058	2.189	2018	2116	4.369	2.916	2250	2381	4.742	45	
1.732	1792	1879	4.010	2.009	1965	2065	4.282	2.488	2164	2288	4.595	50	
1.678	1769	1862	3.972	1.897	1927	2031	4.219	2.242	2103	2227	4.494	55	
1.635	1750	1848	3.939	1.817	1898	2007	4.171	2.086	2059	2184	4.420	60	
1.599	1733	1837	3.911	1.756	1874	1988	4.131	1.976	2024	2152	4.362	65	
1.569	1718	1828	3.885	1.707	1853	1972	4.096	1.893	1995	2127	4.314	70	
1.542	1704	1820	3.862	1.667	1835	1960	4.066	1.829	1971	2108	4.274	75	
1.518	1692	1814	3.841	1.632	1819	1950	4.040	1.776	1950	2092	4.240	80	
1.497	1681	1808	3.822	1.602	1805	1941	4.015	1.731	1931	2078	4.209	85	
1.478	1670	1803	3.804	1.575	1791	1933	3.993	1.693	1915	2067	4.182	90	
1.461	1660	1799	3.786	1.551	1779	1927	3.973	1.660	1900	2058	4.157	95	
1.444	1651	1795	3.770	1.530	1768	1921	3.953	1.631	1886	2049	4.134	100	

1 MPa = 10⁶ N/m² = 10 bar

9

Table 4
continued

		Supercritical temperatures											
		475 °C, θ = 475 K, T = 748.15 K			500 °C, θ = 500 K, T = 773.15 K			550 °C, θ = 550 K, T = 823.15 K			600 °C, θ = 600 K, T = 873.15 K		
θ_{sat} / K	P / MPa	v m³/Mg	h kJ/kg	s kJ/(kg·K)	v m³/Mg	h kJ/kg	s kJ/(kg·K)	v m³/Mg	h kJ/kg	s kJ/(kg·K)	v m³/Mg	h kJ/kg	s kJ/(kg·K)
7.0	0.001	345300	3436	10.891	356800	3489	10.961	379900	3596	11.095	403000	3705	11.224
17.5	0.002	172600	3436	10.571	178400	3489	10.641	189900	3596	10.775	201500	3705	10.904
29.0	0.004	86320	3436	10.251	89200	3489	10.321	94970	3596	10.456	100700	3705	10.584
36.2	0.006	57540	3436	10.064	59470	3489	10.134	63310	3596	10.268	67160	3705	10.397
41.5	0.008	43160	3436	9.931	44600	3489	10.001	47480	3596	10.136	50370	3705	10.264
45.8	0.01	34520	3436	9.828	35680	3489	9.898	37990	3596	10.033	40290	3705	10.161
60.1	0.02	17260	3436	9.503	17840	3489	9.578	18990	3596	9.713	20150	3705	9.841
75.9	0.04	8629	3436	9.188	8918	3489	9.258	9495	3596	9.393	10070	3705	9.521
86.0	0.06	5752	3435	9.001	5944	3488	9.071	6329	3596	9.205	6714	3705	9.334
93.5	0.08	4313	3435	8.868	4457	3488	8.938	4746	3596	9.072	5035	3705	9.201
99.6	0.10	3450	3435	8.765	3565	3488	8.835	3797	3595	8.969	4028	3705	9.098
111.4	0.15	2299	3434	8.577	2376	3487	8.647	2530	3595	8.782	2685	3704	8.910
120.2	0.20	1723	3434	8.444	1781	3487	8.514	1897	3594	8.649	2013	3704	8.777
133.5	0.30	1148	3433	8.255	1187	3486	8.326	1264	3594	8.461	1341	3703	8.590
143.6	0.40	860	3431	8.122	889	3485	8.192	947	3593	8.327	1005	3702	8.456
151.8	0.5	687.5	3430	8.017	710.9	3484	8.088	757.5	3592	8.223	804.0	3701	8.352
158.8	0.6	572.4	3429	7.932	591.9	3483	8.003	630.9	3591	8.138	669.7	3701	8.268
165.0	0.7	490.2	3428	7.860	507.0	3482	7.930	540.4	3590	8.066	573.7	3700	8.196
170.4	0.8	428.6	3427	7.797	443.3	3480	7.868	472.6	3589	8.004	501.8	3699	8.133
175.4	0.9	380.6	3426	7.742	393.7	3479	7.812	419.8	3588	7.949	445.8	3698	8.078
179.9	1.0	342.2	3424	7.692	354.0	3478	7.763	377.6	3587	7.899	401.0	3697	8.029
198.3	1.5	227.1	3418	7.499	235.1	3473	7.570	251.0	3583	7.708	266.7	3693	7.839
212.4	2.0	169.6	3412	7.360	175.6	3467	7.432	187.6	3578	7.571	199.6	3689	7.702
233.8	3.0	112.0	3400	7.161	116.1	3456	7.234	124.3	3569	7.375	132.4	3681	7.508
250.3	4.0	83.21	3388	7.016	86.38	3445	7.091	92.64	3559	7.234	98.80	3673	7.368
263.9	5	65.92	3376	6.900	68.53	3434	6.977	73.64	3550	7.122	78.65	3665	7.258
275.6	6	54.39	3363	6.803	56.62	3422	6.881	60.97	3540	7.029	65.21	3657	7.167
285.8	7	46.15	3350	6.719	48.10	3410	6.799	51.91	3530	6.949	55.62	3649	7.089
295.0	8	39.96	3336	6.644	41.72	3398	6.725	45.12	3520	6.878	48.42	3640	7.020
303.3	9	35.14	3323	6.576	36.75	3386	6.659	39.84	3510	6.814	42.82	3632	6.958
311.0	10	31.28	3309	6.513	32.77	3374	6.598	35.61	3500	6.756	38.34	3624	6.902
318.0	11	28.12	3295	6.455	29.51	3362	6.542	32.15	3490	6.703	34.67	3615	6.850
324.6	12	25.48	3281	6.400	26.79	3349	6.489	29.26	3480	6.653	31.61	3606	6.803
330.8	13	23.25	3266	6.348	24.49	3336	6.439	26.82	3469	6.607	29.03	3598	6.758
336.6	14	21.33	3251	6.298	22.51	3323	6.392	24.73	3459	6.563	26.81	3589	6.716
342.1	15	19.66	3236	6.250	20.80	3310	6.347	22.91	3448	6.521	24.89	3580	6.677
347.3	16	18.20	3221	6.204	19.29	3296	6.304	21.32	3438	6.481	23.21	3572	6.639
352.3	17	16.91	3205	6.160	17.97	3282	6.262	19.92	3427	6.443	21.73	3563	6.603
357.0	18	15.75	3189	6.116	16.79	3269	6.221	18.67	3416	6.406	20.41	3554	6.569
361.4	19	14.72	3172	6.074	15.73	3254	6.182	17.56	3405	6.371	19.23	3545	6.536
365.7	20	13.79	3156	6.033	14.77	3240	6.144	16.55	3394	6.337	18.17	3536	6.504
373.7	22	12.17	3121	5.952	13.12	3211	6.070	14.81	3371	6.271	16.33	3518	6.444
	24	10.82	3085	5.873	11.74	3180	5.998	13.36	3348	6.209	14.80	3499	6.387
	26	9.660	3047	5.795	10.57	3149	5.929	12.13	3325	6.150	13.51	3481	6.334
	28	8.663	3008	5.718	9.557	3117	5.862	11.08	3301	6.093	12.40	3462	6.283
°C (sat)	30	7.794	2967	5.642	8.680	3084	5.795	10.17	3277	6.038	11.44	3443	6.234
	35	6.048	2858	5.450	6.923	2997	5.632	8.341	3215	5.906	9.520	3395	6.119
	40	4.758	2741	5.258	5.616	2905	5.474	6.978	3151	5.782	8.087	3346	6.013
	45	3.822	2626	5.075	4.631	2813	5.321	5.932	3086	5.664	6.981	3297	5.913
	50	3.174	2522	4.913	3.892	2723	5.177	5.114	3022	5.553	6.107	3248	5.819
	55	2.749	2439	4.783	3.347	2641	5.048	4.468	2959	5.447	5.404	3199	5.731
	60	2.470	2377	4.682	2.953	2570	4.937	3.956	2899	5.349	4.833	3152	5.647
	65	2.280	2330	4.603	2.670	2513	4.844	3.549	2843	5.258	4.364	3106	5.568
	70	2.144	2294	4.540	2.463	2466	4.767	3.225	2792	5.176	3.976	3062	5.495
	75	2.041	2265	4.488	2.308	2428	4.702	2.967	2746	5.102	3.653	3021	5.426
	80	1.959	2242	4.443	2.188	2397	4.648	2.761	2707	5.036	3.384	2983	5.362
	85	1.893	2222	4.405	2.093	2372	4.601	2.594	2672	4.978	3.159	2948	5.303
	90	1.838	2206	4.371	2.015	2350	4.560	2.458	2642	4.926	2.970	2916	5.249
	95	1.792	2193	4.340	1.950	2332	4.524	2.345	2612	4.879	2.809	2886	5.199
	100	1.751	2181	4.313	1.894	2316	4.491	2.250	2593	4.837	2.672	2860	5.153

θ is the Celsius temperature

Printed and bound by CPI Group (UK) Ltd, Croydon, CR0 4YY

02/10/2024

01040274-0001